S. Mandl

Kritische Beiträge zur Metaphysik Lotzes

S. Mandl

Kritische Beiträge zur Metaphysik Lotzes

ISBN/EAN: 9783741193040

Hergestellt in Europa, USA, Kanada, Australien, Japan

Cover: Foto ©berggeist007 / pixelio.de

Manufactured and distributed by brebook publishing software (www.brebook.com)

S. Mandl

Kritische Beiträge zur Metaphysik Lotzes

Kritische Beiträge

zur

Metaphysik Lotzes.

Von

Dr. phil. S. Mandl.

Bern.
Buchdruckerei K. J. Wyss.
1895.

Meinen hochverehrten Lehrern

Herrn Prof. Dr. Ludwig Stein,

Professor der Philosophie an der Universität Bern

und

Herrn Prof. Dr. Richard Falckenberg,

Professor der Philosophie an der Universität Erlangen

in dankbarster Verehrung und Hochschätzung

gewidmet.

Abkürzungen:

Mikr. = *Mikrokosmos.* Ideen zur Naturgeschichte und Geschichte der Menschheit. III. Aufl.

Gr. Rel. Phil. = Grundzüge der Religionsphilosophie. Diktate aus den Vorlesungen. Leipzig 1882.

Met. 79 = System der Philosophie, II. Teil. Drei Bücher der Metaphysik. Leipzig 1879.

Gr. Met. = Grundzüge der Metaphysik. Diktate aus den Vorlesungen. Leipzig 1883.

Str. = Streitschriften. Leipzig 1857.

Kl. Schr. = Kleine Schriften, III. Bd. Leipzig 1891.

Gr. pr. Phil. = Grundzüge der praktischen Philosophie. Leipzig 1882.

Einleitung.

Der leitende wissenschaftliche Gesichtspunkt, welcher dem Ganzen der Lotzeschen Philosophie zu Grunde liegt, ist der Streit einerseits gegen alle Verehrung leerer Formen und gegen die Wertüberhöhung dessen, was nur Voraussetzung oder Folge, Mittel oder Erscheinungsweise des wahrhaft Wertvollen, Lebendigen und Wesenhaften ist, und damit verbunden der Streit gegen jede Schwärmerei, welche das Grösste in anderer Weise lieber wirksam sehen möchte, als in der, die es sich selbst gewählt oder die es auf kürzerem Wege erreichbar glaubt als auf dem Umwege formaler Gesetzlichkeit, in welche es sich selbst dahingegeben hat.

Denn alle diese bekämpften Ansichten «würdigen ganz gleichmässig die Natur und die Geschichte dazu herab, Darstellungen des unbedingt Gleichgültigen und Wertlosen zu sein, dessen Vorhandensein in der Welt des Denkbaren nur begreiflich ist, wenn es als der letzte formelle Widerschein des lebendigen Geistes und seiner lebendigen Thätigkeit gedacht wird . . .»

Lassen wir — so mahnt bescheiden zu Ende der 70er Jahre der vielgerühmte Physiologe von 1843 — lassen wir alle diese Vermessenheit fahren, aus sicherer Kenntnis der Rangordnung, die uns im Weltbau so hoch gestellt hätte, die Geheimnisse unseres Wesens, unsere

Hoffnungen und unsere Bestimmung zu deuten, und beginnen wir vielmehr damit, dass wir ein gebrechliches Geschlecht sind, das vielfach ratlos in sich selbst sich im Zweifel herumwirft und nichts so unmittelbar empfindet, als die Unsicherheit über seinen Ursprung, seine Schicksale und seine Ziele.

Man würde sich indessen einer Täuschung hingeben, wollte man auf Rechnung dieser und ähnlicher, mehr zurückhaltenden, polemisierenden Äusserungen den Beweis für eine völlig negative Skepsis erbringen. Wohl mochte Lotze jene « weise Enthaltsamkeit » mehr zusagen, die eine späte, aber volle Beantwortung der wissenschaftlichen Fragen von dem vereinigten Ergebnisse der Untersuchung erwartet und diese der verfrühten und einseitigen Aufklärung vorzieht, mit welcher untergeordnete und zufällige Standpunkte unser Verlangen unzureichend beschwichtigen; dass er sich aber andererseits der entgegengesetzten Aufgabe voll bewusst war, wird deutlich aus jener weiteren Grenzbestimmung der denkenden Betrachtung, welche lautet:

Alle unsere Zergliederung des Weltlaufes endet damit, unser Denken zum Bewusstsein notwendig gültiger **Wahrheiten**, unsere Wahrnehmung zur Anschauung schlechthin gegebener **Thatsachen** der Wirklichkeit, unser Gewissen zur Anerkennung eines unbedingten Massstabes aller **Wertbestimmungen** zurückzuführen.

Uns schien die Konsequenz dieser Lotzeschen Lehre über « gültige Wahrheiten », « schlechthin gegebene Thatsachen » und « Wertbestimmungen », nämlich seine Theorie vom rein Intelligiblen, einer Bearbeitung würdig. Die übersichtliche Darstellung seiner hierauf bezüglichen Gedanken bezweckt diese Abhandlung.

I. Teil.

Darstellung der Lotzeschen Theorie des Unbedingten.

I. Ein intelligibles allumfassendes Princip als ontologische Konsequenz.

Jene zwei Hauptfragen aller Philosophie über Sein und Wirken, welche die zwei andern, nicht minder wichtigen über transeunten und immanenten Zustand der Dinge im Gefolge haben, finden ihre Lösung in folgender Annahme: Der Zusammenhang von Ursache und Wirkung nötigt uns zu der Betrachtung, die Dinge können nur als Teile eines einzigen Wesens sein, die sich für unsere Auffassung trennen, ohne sachlich selbständig zu sein (Met. 79, p. 138).

Lotze weist dem Problem des Unbedingten gleich am Anfang seine bestimmten Grenzen zu, indem auch die Methode der Untersuchung auf das richtige Mass zurückgeführt wird. Die Untersuchung besteht nämlich darin: «Die Gesetze des Zusammenhanges zu finden, welcher die einzelnen (simultanen oder successiven) Bestandteile der Wirklichkeit verknüpft» (Gr. Met., p. 9).

Als Wegweiser auf diesem Felde der Forschung sind zu betrachten die Probleme: Gesetze oder Wahrheiten der Dinge *), Atomismus; Leib und Seele, deren Wechselwirkung; Okkasionalismus; Ichheit, Realität, Fürsichsein.

Was haben wir unter Gesetz, Idee und Wahrheiten der Dinge zu verstehen?

Ausgehend von der Thatsache, dass die Welt nicht aus den ewigen Wahrheiten, sondern aus den veränderlichen Dingen und Ereignissen, die ihnen gemäss sind und geschehen, besteht, gelangt Lotze zu jenen zwei Kardinalfragen, die ebensoviel Irrtum als Schwierigkeit verursachten, zu den Fragen über Warum und Wirklichkeit des Universums. Beide wird auch die denkende Reflexion nur mit Hülfe der Wertbegriffe genügend beantworten können. Ohne daher vorzugreifen, sei bloss dieser Zweck- und Wertbegriff in kurzem angedeutet: das Unabhängige, Bleibende und Wirkliche ist dasjenige, was einem endlichen Geiste als von ihm unabhängige Wahrnehmung gegeben ist. Soll daher der Weltgedanke Gottes eine Verwirklichung finden, die sich von seinem Gedachtwerden durch Gott unterscheidet, so kann dies nur dadurch geschehen, dass Gott einzelne endliche Geister schafft und in diesen jene Weltgedanken als

---

*) Man hat vielfach versucht, zu Lotzes Philosophie Analogien aus der antiken Philosophie hervorzuholen. Plato wurde u. a. erwähnt. Man dachte an die «Ideen», mit welchen Lotzes Lehre von den ewigen Wahrheiten übereinstimmten. Ähnliche Verwandtschaft lässt sich fast bis aufs Detail mit der Stoa beobachten. Zu erinnern ist an die Gleichheit von Welt- und Körperseele und die gleichlautende Lehre der Stoa; die Determinationstheorie Mikr. III, p. 76 ff. Zeller, Gesch. d. griech. Phil. III, p. 209; die Übertragung der Seelenfähigkeit von Eltern auf Kinder, Vererbung durch Urzeugung, Mikr. I, p. 442. Zeller a. a. O., p. 211; Stein, Psychologie der Stoa, Berlin 1888, II. p. 119 ff., 130 ff.; die Gesinnungstheorie gegenüber der Handlung (womit Lotze sich gegen Fichte wendet, vergl. unten p. 49 ff.), Zeller a. a. O., p. 218; die ganz besonders hervortretende Gleichheit in dem Problem der philosophischen Betrachtung und des Glaubens. Mikr. III, p. 188 ff. Zeller a. a. O., pag. 220 u. a. m.

äussere Wahrnehmung oder nur als ihre Gedanken entstehen lässt. Die Schöpfung würde sich daher dahin definieren, dass Gott den Gedanken, der zuerst nur sein eigener war, zum Gedanken anderer Geister werden lässt. (Gr. Rel. Phil., p. 51 ff.)

Nach dieser Orientierung über Absicht und Zweck der Wirklichkeit untersuchen wir die Theorie des Urseins und dessen Qualität oder die atomistischen Anschauungen. Lotze unterscheidet treffend zwischen der modernen Physik und der alten Atomistik. Die letztere ging weit über das hinaus, was die Atomistik der heutigen Physik zu sein beabsichtigt. «Und was uns jetzt nur als das Beständige in dem Lauf der geschaffenen Welt gilt, das galt ihnen (den Alten) als das Unbedingte und wahrhaft Seiende.» (Mikr. I, p. 37.)

Wir können von einer räumlichen Ausdehnung jener Urbestandteile gänzlich absehen und sie als übersinnliche Wesen betrachten. Lotze gelangt dazu, indem auch die Physik nicht widerstrebt, diesen Schein einer ausgedehnten Materie aus einfachen übersinnlichen Wesen abzuleiten.

Somit ist diese Frage in den Kreis des Nebensächlichen verwiesen. Für den Zweck der Werte bleibt es gegenstandslos, wie denn eigentlich Sein und Dinge entstanden sind. Aber auch für die reflektierende Wissenschaft gilt dasselbe. Dieser Gedanke, die Verschiedenartigkeit der Atome als eine ewige Thatsache gelten zu lassen, für die es wohl eine weitere metaphysische Erklärung geben kann, eine physikalische aber gar nicht zu geben braucht, eben weil in der einmal vorhandenen Natur die Atome nie vergehen und nie wieder entstehen, es sich mithin auch um die Bedingungen ihrer Entstehung in der Praxis der Erklärung nie handeln kann: dieser Gedanke wird ohne Zweifel auch für den üblichen Atomismus immer die kürzeste Abweisung der hier liegenden Schwierigkeiten sein.» (Kl. Schr. III, p. 223).

Was nun Lotze P o s i t i v e s in Bezug auf die Atomenlehre hinterlassen, besteht in der Ansicht, « dass diese Frage sich ohne Annahme qualitativ verschiedener Elemente nicht lösen lässt, zu deren Vermeidung ohnehin das Altertum durch antinominalistischen Irrtum und auch Fechner nur durch logische Vorliebe für Einfachheit, deren metaphysische Kraft durchaus nicht zwingend ist, getrieben wird.» (Kl. Schr. III. 324.)

Was wird nun jenes Gesetz der Dinge bedeuten? Etwa Naturgesetz, wie das der Kometen und Himmelskörper, eigene Autonomie des Wesens oder gar freie Willkür der Seele? Diese Vermutungen deuten durch ihre Unbestimmtheit auf ein weit bestimmteres, höchstes Reale oder einigendes Princip. Denn, um nur eines der zwingendsten Probleme zu erwähnen, müssten wir sagen können, « warum ein Wesen, das auf Veranlassung der Ätherwellen Licht und Farben sieht, notwendig Töne hören müsste, wenn Lichtschwingungen auf seine Sinnesorgane wirken, oder warum seine Natur, wenn sie unter gewissen Eindrücken anschauliche, aber gleichgültige Wahrnehmungen erzeugt, folgerichtig im Gefühle der Lust und Unlust unter dem Einfluss anderer ausbrechen müsse». (Mikr. I, p. 196.)

Wie wirken nun Seele und Körper, und durch welches Band oder Bindemittel wirken sie auf einander? Es ist ebenso überflüssig als armselig, ein fortdauerndes Band zwischen Leib und Seele zu verlangen, das von der lebendigen Wechselwirkung beider noch verschieden wäre; ebenso überflüssig, als wenn wir das Band der Freundschaft, das zwei Gemüter verknüpft, noch besonders als eine sichtbare Umschnürung wahrnehmen wollten; ebenso armselig ferner, weil dieses Verlangen eigentlich d a r a n vergisst, dass statt des einen formlosen Bandes vielmehr das feingegliederte Geflecht unzählbarer Beziehungen beide auf das Sinnvollste zu gegenseitigem Eingehen auf ihre Zustände und Bedürfnisse befähigt.

Allein es scheint undenkbar, wie das, was einem Wesen a begegnet, Grund zur Veränderung eines andern b sein könne.

Dieser Unsicherheit entgeht man am besten, indem man die Sache mittelst einer Hilfskonstruktion eines solchen Okkasionalismus erklärt, der alles, « was unserem unbefangenen Blicke als die hervorbringende Ursache eines Erfolges erscheint, nur als die Gelegenheit auffasst, bei welcher auf unbegriffene Weise dieser Erfolg hervortritt; dasselbe gilt von der Wechselwirkung zwischen Leib und Seele. Beide Betrachtungsweisen unterliegen einer und derselben Grundregel, welche wir in folgendem kurz zusammenfassen :

« Der Zustand a, den wir zuerst bloss als einen Zustand des a betrachteten, ist sofort und wird nicht erst durch irgend eine Vermittelung auch ein Zustand des M (bei Lotze = dem Absoluten) und dieses M, da es zugleich auch b ist, hat nicht erst einen Weg zurückzulegen, um den Zustand β nach b hinzubringen, sondern dieses aus dem Sinne des M, der sich zu erhalten sucht, entspringende β ist sofort nichts anderes als ein Zustand des b, wohin es eben seinem Sinne nach gehört. » (Gr. Rel. Phil., p. 22 f.) *)

Das Sein der Dinge lenkt die Betrachtung auf das

---

*) Deutlicher wird dies durch Gr. Rel. Phil., p. 21 : « Das Wirken der Dinge ist keineswegs durch blosse Herrschaft eines Gesetzes über sie zu erklären, vielmehr muss man ein Wirken der Dinge auf einander bereits voraussetzen, um nur begreifen zu können, wie sie ihr ferneres Benehmen dem Gesetze gemäss einrichten können. » Etwas modifiziert ist dies in Gr. Ph., p. 68.

eigene selbständige «Ich». Das wahre «Ich», die ursprüngliche Anlage unserer Seele «wird uns immer als ein Gegebenes, als eine Mitgift der schaffenden Kraft erscheinen, aus welcher unser Dasein floss, und wo wir irgend unser eigenes Selbst zu erfassen meinten, werden wir es doch nur finden als ein durch eine fremde Macht festgestelltes, nicht so als unser Eigentum, wie wir das besitzen, was aus unserer eigenen Anstrengung und freien Thätigkeit entstanden ist.» (Mikr. I, p. 285.) *)

Ist nun das Wesenhafte, Reale, Veränderungsfähige und Veränderungsbedingende so auf der einen Seite sichergestellt, so zeigt uns eine Betrachtung der Seele ihre Unvereinbarkeit mit Starrheit auf der andern Seite. Die Erinnerung bewahrt sie davor. Indem sie (die Seele) im Gedächtnis das früher Erlebte neben den Eindrücken der Gegenwart aufbewahrt, bietet sie nicht allein für einen Beachter ausser ihr das Schauspiel einer folgerichtigen Veränderungsreihe, sondern fasst in sich selbst die verschiedenen Entwickelungen ihres veränderlichen Wesens in eine Einheit von höherer Bedeutung zusammen, als sie je der unergiebigen Starrheit einer unstörbaren Substanz zukommen würde.

---

*) Das Gefühl, welches bei Lotze auch auf erkenntniskritischem Gebiete eine solch grosse Rolle spielt, gilt für Kant schlechterdings als unbrauchbar. Kant lehrt (Relig. innerhalb d. Gr. d. bl. Vernunft, her. Kehrbach, p. 120): «So wenig wie aus irgend einem Gefühl Erkenntnis der Gesetze und, dass diese moralisch sind, folgt, ebenso wenig und noch weniger kann durch ein Gefühl das sichere Merkmal eines unmittelbaren göttlichen Einflusses gefolgert und ausgemittelt werden.» Lotze verwebt den Gedanken eines Gefühls auch in die Erkenntnistheorie. «Denn auch das scheinbar Natürliche ist unklar.» Mittelst dieser Voraussetzung aber wird es erklärt. Nach Kant dagegen «lehrt das Gefühl schlechterdings nichts, sondern enthält nur die Art, wie das Subjekt in Anschung seiner Lust oder Unlust affiziert wird, worauf gar keine Erkenntnis gegründet werden kann». (Das. p. 121.)

Lotze übergeht die seltsamen Widersprüche der wissenschaftlichen Forschung, welche in einem reinen noch bestimmungslosen und sich selbst gestaltenden Triebe das wahrste und tiefste Wesen unserer Persönlichkeit sucht und nur das für wahrhaftes Sein ansieht, wozu wir uns selbst gemacht haben, sondern weist bloss auf die natürliche Meinung des unbefangenen Gemütes hin, die nicht verlangt, dass aus unserem Wesen alles entfernt werde, was nicht unsere eigene That ist, die nur verlangt, dass in der Mitte aller dieser gesetzlichen Notwendigkeit ein Punkt der Einheit wenigstens vorhanden sei, von dem aus unsere Thätigkeit diesen uns dargebotenen Stoff des Daseins zu einem uns allen angehörigen Besitztum gestalten könne.

Das Resultat, welches wir hiedurch erzielen, drücken wir in der gewöhnlichen Form einer Trennung der übersinnlichen Seele von dem sinnlichen Körper aus, einerlei worauf das Dasein oder die Erscheinung des letzteren beruhen möge.

Gleichwohl gibt es eine einigende und versöhnende Vorstellung, und es ist zweckmässig, dieselbe vorweg anzudeuten. Sie besteht in der Annahme einer Vielheit von Elementen, deren Dasein und Inhalt durchaus bedingt ist durch die Natur und Wirklichkeit des Einen Wesens, dessen unselbständige Glieder sie sind. Dessen Selbsterhaltung sie alle unter einander in eine unablässige Beziehung auch gegenseitiger Abhängigkeit setzt, und nach dessen Gebot sie, ohne einen Widerstand leisten oder eine Hilfe gewähren zu können, die sie ihrer eigenen selbständigen Realität verdankten, in jedem Augenblicke sich so ordnen, dass der Gesamtinhalt der Welt einen neuen identischen Ausdruck desselben Sinnes gewährt, eine Harmonie, die nicht prästabiliert ist, sondern in jedem Momente sich durch die Kraft des Einen wiedererzeugt.» (Met. 79, p. 139 f.)

In dieser Andeutung einer «eigenen selbständigen Realität» ist bereits die Definition des eigentlichen Seinsbegriffes gegeben. Analog dem schon oben dargelegten Grundunterschiede zwischen blossem Gedachtwerden und eigenem Gedächtnis ergäbe sich das Specifische der Realität des Geistigen gegenüber dem Erscheinungsding in dem bekannten «Fürsichsein» *).

Dies drückt Lotze offenbar Kl. Schr. III p. 405 aus: Die Dinge ausser uns bleiben wohl ein für unser Be-

---

*) Der Einwand, dass in dieser Theorie die Geister und «das Reich der Sachen» nicht scharf genug gesondert werden (vgl. u. a. Strümpell, Einl. in die Philosophie, Lpzg. 1886, p. 395; Stählin: Kant, Lotze und Ritschl, Lpzg. 1888, p. 125), erledigt sich, indem Lotze eine Gleichstellung beider geflissentlich ablehnt: «Die Geister allein» sind Substanzen; sie haben wahre Selbständigkeit, Fürsichsein, «weil sie vermöge ihrer Natur diese Selbständigkeit behaupten». Dieser Nachsatz umfasst die drei Möglichkeiten: Selbständigkeit, Fürsichsein und — in Beziehung stehen. Hierin sich «behaupten» zu können, ist lediglich den Geistern «vermöge ihrer Natur» beschieden. Wenn Strümpell a. a. O. p. 378 einwendet, die Definition des Seins als in Beziehung stehen, sei nicht, wie Lotze meint, die des gemeinen Verstandes, denn dieser erkläre vielmehr das Sein damit, «dass die Dinge, auch nicht gesehen, fortdauern als das, was sie sind» etc., so ist zu erinnern, dass diese Berichtigung wohl zutrifft, aber wieder nur auf Kosten eines Begriffsvertausches. Deutlicher: auch Lotze lehrt genau dasselbe; allein sollte es der Untersuchung mehr auf Verherrlichung des «gemeinen Verstandes» als auf Ergründung des wahren Seins ankommen? Der letzteren hilft es wenig, wenn die Dinge fortdauern, wir aber noch immer ratlos sind über das absolute Sein der auch nicht wahrgenommenen Dinge. Strümpell scheint der ganze wichtige Abschnitt in den 3 Metaphysiken Lotzes über Raum und Zeit (um nur diese zu nennen) überflüssig. Er lässt die Dinge bloss «fortdauern als das, was sie sind». Wir fragen aber mit Lotze, was die Dinge an sich sind. Lotze sucht und findet das Ding an sich, Strümpell, das relative Wesen des Dinges. Nur er (nicht Lotze) wird dabei noch von der sentimentalen Hoffnung auf ein Wiedersehen mit den Dingen erfüllt, «demgemäss nächstens auch solche wieder gesehen werden könnten».

wusstsein vorhandenes Gebilde einer Hilfskonstruktion. Es kommt ihnen aber keine selbständige Wirklichkeit ausser dem Bewusstsein zu.

Auf diese Art gelangen wir zum Beweise eines rein intelligiblen Princips. Wir wiederholen: Weder Selbständigkeit noch Zusammenhangslosigkeit ist die Eigenschaft der Dinge. Weder causa, noch occasio, noch prästabilierte Harmonie erklärt das Wirken der Dinge. Dies erklärt am besten die Voraussetzung, dass sie Modifikationen eines Absoluten sind. Die Selbständigkeit wird dadurch aufgehoben. Ebenso die Zusammenhangslosigkeit, da sonst ein Wirken und Leiden der Dinge nicht denkbar wäre. Das Sein der Dinge besteht mit einem Worte in dem unmittelbaren Wechsel oder im «Beziehungstehen». Soweit über das Problem eines allumfassenden Urwesens, wie es die Ontologie fordert. Der folgende Teil hat die Frage über einen unbedingten schöpferischen Grund zum Gegenstand.

II. Ein unbedingter schöpferischer Grund als kosmologische Konsequenz.

In das «statthafte Gebiet des Erforschlichen» fallen solche Betrachtungen, die gar nicht den ersten Akt der Schöpfung, sondern die innerhalb der geschaffenen Welt zur Entwickelung und zum Wohnsitze des menschlichen Geschlechts bestimmte Erde betreffen.

Ebenso sind alle Untersuchungen müssig zwischen einer creatio prima, die den formlosen Stoff der Welt, und einer creatio secunda, welche die Formen der Geschöpfe hervorgebracht habe.

Gleichwohl gibt sich das denkende Subjekt mit dieser Selbstbescheidung nicht zufrieden. Es sucht einen Beweis für ein unbedingtes schöpferisches Princip. Folgende Ausgangspunkte kommen hiefür in Betracht:

Raum und Zeit, Schöpfung, Erhaltung des Universums, Mechanismus, Kausalität, Ewigkeit und Allwissenheit des Absoluten, Übel und Gutes.

Um dem Beweise eines schöpferischen Grundes näher zu kommen, hätte man die Anschauungsformen genau zu bestimmen. Drei Momente haben wir hiebei zu beachten:

1. Stoff,
2. Betrachtungsform und
3. das betrachtende Individuum selbst.

Die beiden ersten bedingen einander unauflöslich. Denn «gibt es nun unter diesen Wesen (die durch Zusammensetzung der Atome entstehen) solche, deren innere Zustände die Form einer Empfindung und eines Bewusstseins mit zusammenfassender Vergleichung empfangener Eindrücke zulassen, dann, und dann erst bildet sich im Innern dieser Wesen und nur für ihr Bewusstsein die Anschauung eines räumlichen Zwischen aus, an dessen Endpunkte sie die verglichenen Eindrücke stellen; dann erst bildet sich zuletzt das Gesamtbild des unendlichen Raumes, der nun als eine an sich seiende und vorher dagewesene Umfassungsform erscheint, in welche die Dinge eingetreten seien.» (Kl. Schr. III. p. 403). *)

---

*) Dieser Gedanke mag vielleicht von Kant angedeutet sein, wenn er behauptet, «um eine Lage oder ein Nebeneinander scheinbarer Dinge wahrnehmen zu können, müsse man dieser Wahrnehmung bereits mit der Vorstellung des Raumes entgegen kommen, wenn dem Wahrzunehmenden seine Plätze bestimmt werden sollen.» Es ist nicht überzeugend, wenn Lotze dagegen einwendet, diese Vorstellung des Raumes müsse deshalb nicht erfolgen, «weil sich mit dieser allgemeinen Raumanschauung jede andere Lage von a, b und c ebensogut verträgt (d. h. nicht gerade so, dass «etwa b links von c, aber nicht rechts von a liegen müsste»). Die Vorstellung von a, b

Mit andern Worten: Das Ding ist nicht ohne uns, und umgekehrt, wir nicht ohne die Dinge denkbar. Die unzähligen Raumbilder der Welt, welche die verschiedenen Wesen jedes von seinem systematischen Orte aus sich entwerfen, passen durch die Gesetzlichkeit, welche in dem Systeme der Körper herrscht, zu einem vollkommenen Ganzen.

Ähnlich argumentiert Lotze mit seiner «Welt der Werte». Die Gründe, die hier metaphysisch zu dieser «Umfassungsform» hinlenken, dieselben Gründe deuten dort auf ein «Universum geistiger Interessen», und zwar aus ethischen Motiven. Darüber indes im weiteren Verfolge.

Die Anschauungsform der Zeit denkt sich Lotze auf folgende Weise, gleichsam hier schon einen zarten Wink für die Aufrechterhaltung der Werte erteilend.

Eine an sich zwar undenkbare Vorstellung von einer «bestehenden Zeit» bringt das Bedürfnis zum Ausdruck: einen wirklichen Ort zu haben, wo das Vergangene aufbewahrt, und einen andern, von woher das Zukünftige

und c freilich bleibt gleichgültig, aber das sind ja Bedingungen, Zustände. Dass nun Bedingung, Zustände und Anschauung nicht verwechselt werden dürfen, dem hat ja Lotze selbst, Gr. Met. p. 55, vorgebeugt. In gleicher Weise wird dies von Koppelmann (Ztschrft. für Philos. und philos. Kritik, 1886, 88 Bd. p. 20) betont. Nach Lotze Gr. Gesch. p. 16 f. wäre nämlich Inbegriff der transcendentalen Ästhetik der Zeit, «dass Raum und Zeit als reine und apriorische Anschauungen empirische Realität, dagegen aber zugleich die Eigenschaft transcendentaler Idealität besässen.» Unter letzterem versteht er: Raum und Zeit sind weder Eigenschaften der Dinge selbst, noch Beziehungen oder Verhältnisse, die zwischen ihnen stehen. Koppelmann bemerkt richtig hiezu: « Der Zweck der transcendentalen Ästhetik ist einzig und allein der Nachweis, dass die Vorstellungen des uns umgebenden Raumes, sowie der allumfassenden Zeit nicht durch andere Anregungen (in unserem Falle nicht durch Bedingung von a, b und c etc.) entstanden, sondern aus der Natur unseres Erkenntnisvermögens entsprungen sind.» (Vgl. unten p. 40 ff.)

Gegenwart wird. Dieses Bedürfnis nun hat zu allen Zeiten zu der Forderung geführt, «das wahrhaft Seiende über allen Zeitverlauf erhaben und doch so zu denken, dass in seinem Sein und Wesen ein Zeitverlauf stattfindet». (Gr. Rel. Phil. p. 66).

Dieser kleine Exkurs schien nötig, um mit Hülfe jener zwei konkretesten Anschauungsformen (Raum und Zeit) unsere Aufgabe, die Begründung des Absoluten, genau zu fixieren.

Die blosse Existenz einer sogenannten «Ordnung» — so beginnt Lotze mit den vielfach irrigen Kosmogonien aufzuräumen — würde selbst dann, wenn man diese Existenz und ihre Erhaltung begriffe, nicht hinreichen, um die beständige Verknüpfung der wechselnden Begebenheiten zu erklären. Soll durch die Elemente a und b die Wirkung w entstehen, so müsste in ersterem, ebenso wie in allen anderen, jene eine Substanz vorhanden sein «und zugleich, indem es von b ebensogut leidet, dem a bemerkbar machen, dass der Fall der Notwendigkeit der Wirkung w jetzt vorliege.» (Gr. Rel. Phil. p. 59).

Es folgt aber hieraus auch ferner, dass ebenso wie das Fortbestehen der Geschaffenen auch die beständige Fortdauer des Willens, der diese wirklichen Elemente geschaffen hat, hiezu nötig ist.

Wie ist nun aber dieses Verhältnis der Kreatur zum schöpferischen Wesen aufzufassen? Welcher Name gebührt ihm? Selbsterhaltung nicht. Denn darin läge eine entschiedene Tendenz, die Abhängigkeit der Natur von Gott so weit als möglich zu verneinen. Man hätte dann bloss Schöpfung, nicht Erhaltung durch ein Absolutes zugegeben.

Zur Lösung dieser Schwierigkeit dürfte es sich vor allem empfehlen, die Begriffe Mechanismus und Kausalität zu detaillieren.

Mechanismus besagt nicht etwa eine stoss- oder ruckweise Einwirkung der Dinge aufeinander; «aber nirgends gibt sich das Wesen eine andere Form des endlichen Daseins als durch ihn; so wie wir nicht andere Götter haben neben Gott, so bedürfen wir ausser dieser allgemeinen Wirkungsform der Natur nicht anderer». (Mikr. I, p. 451).

Gleiches gilt vom Gesetz der Kausalität. Dieses hindert schlechterdings nicht die Annahme einer Freiheit des Willens. Allerdings die Erfahrung spricht dagegen; allein diese verwickelt sich in Widersprüche, indem sie irrtümlich auf das Wie und Wodurch ihr Augenmerk richtet, während doch lediglich die Beobachtung des Was der Erscheinungsdinge unsere Aufgabe sein soll: «Sprechen wir gewöhnlich nur davon, dass jede Wirkung ihre Ursache habe, so sollten wir im Gegenteil das grössere Gewicht auf den andern Ausdruck des Satzes legen, dass jede Ursache unfehlbar ihre Wirkung habe». «Die Welt gleicht einem Wirbel, zu dem von allen Seiten her, nicht von ihm selbst angezogen, nicht von ihm erzeugt, neue Fluten sich einfinden; aber einmal in ihm eingetreten, sind sie gezwungen, an seiner Bewegung teilzunehmen.» (Mikr. I, p. 293).

Wir müssen uns daher unter diesen andern Gedanken beugen, dass alle jene unerschütterliche Notwendigkeit, mit welcher das Ganze des mechanischen Weltlaufes selbständig für sich festzustehen scheint, ein ganz eitler Traum ist, und dass keine einzige Wechselwirkung zu stande kommt, ohne die Mitwirkung jenes höhern Grundes, den wir, übel beraten, nur für die Entstehung einzelner bevorzugter Erscheinungen zu bedürfen scheinen. (Vgl. besonders Str. p. 59).

Im innigen Zusammenhang damit stehen natürlich die beiden Eigenschaften der **Ewigkeit** und **All-**

wissenheit des absoluten Wesens. Es fragt sich nun, wie verhalten sich diese zur Willensfreiheit des Subjekts? Die Antwort lautet:

« Dächten wir uns das Ganze der successiv sich entwickelnden Wirklichkeit vor Gottes Anschauung als ein simultanes Ganze, so würde das, was nicht wirklich künftig ist, sondern nur in dem Objekte künftig scheint, als ein Wirkliches, nicht mehr Zweifelhaftes von Gott wahrgenommen werden, ohne dass darum die Freiheit dieses Inhaltes aufgehoben würde. Oder kurz gesagt: ein Wissen des Freien ist möglich, aber ein Vorauswissen ist undenkbar . . . » (Gr. Rel. Phil. p. 67).

Offenbar sieht sich Lotze zu dieser wohl befremdend klingenden Einschränkung der absoluten Allwissenheit infolge seiner Determinationslehre veranlasst. Zweck der Schöpfung ist nämlich, wie unten folgt, nur in etwas zu suchen, « was in den Geistern oder durch sie oder für sie bestehen oder geschehen kann ». Das Freiheitsproblem ist hiedurch bei Lotze von selbst gelöst. Sittliche Werte des Subjekts und Endzweck des Objekts bedingen sonach einander.*)

---

*) Nicht ein Hindernis, sondern ein Vorteil wird dem freien, selbsthandelnden Individuum der Mechanismus. Schöpfung, wenn auch nicht beweisbar (dies ist « ja nicht unsere Aufgabe »), ist doch wohl möglich; Mechanismus, wenn gleich sich selbst überlassen, ist dennoch Wunder, Gottes That; Willensfreiheit, obgleich widerstreitend dem Mechanismus, findet dennoch erst in diesem Mittel und Hilfe. Vom ersten werden wir überzeugt, da « eine Ruhe nur ein momentanes Gleichgewicht zwischen wirkenden Kräften darstellt, welche im nächsten Augenblick zu neuen Bewegungen führen können, aber dann freilich wieder frühere Bewegungen voraussetzen ». (Gr. prakt. Phil. p. 20); vom zweiten, wenn wir uns die Frage nahelegen, « warum dies ursachlose Vorhandensein einer Thatsache auf den übrigens doch niemals erreichbaren Anfang der Welt beschränkt sein, und nicht auch innerhalb ihres Verlaufes an jedem Punkte möglich sein soll » (a. a. O. p. 21), etwa das Ineinanderwirken

Die mechanische Ansicht — dies räumt unser Philosoph als Vertreter derselben gleichwohl vollauf ein — weiss nicht davon zu erzählen, « dass eine weise Absicht das Gefühl sittlicher Verpflichtung und die Musterbilder sittlicher Ideale in die lebendigen Seelen gelegt habe, und sie verwickelt sich darum nicht in die Schwierigkeit der Frage, wie mit dieser absichtlichen Stiftung des Keimes die unzähligen Hindernisse zusammenstimmen, die der Weltlauf seiner Entwickelung entgegenstellt ». (Mikr. II. p. 43).

Allein, vermag dies die weitere Schwierigkeit zu schlichten? Die Welt müsste ja, soll sie diesen « sittlichen Idealen » Gottes entsprechen, eine lückenlose Verwirklichung des höchsten Gutes sein. Wird dies aber nicht durch das thatsächliche Gegenteil, durch die Wirklichkeit des Übels widerlegt? Unserem Philosophen sind alle Antworten, welche in dem Sinne einer Theodicee hierauf gegeben wurden, völlig unzulänglich. Gleichwohl ist das Übel nicht etwa so leichter Dinge hinwegzuleugnen. « Denn es kommt nicht bloss interkurrierend vor, sondern die ganze Existenz des Tierreiches ist systematisch auf Vertilgung der einen durch die andern gegründet . . . »

« Sind wir dennoch von der Lösbarkeit dieses Rätsels überzeugt, so müssen wir wenigstens Ernst machen mit einem oft gehörten Ausdruck: nämlich wirklich in einer durchaus unerforschlichen Weisheit Gottes den Grund für diese uns unverständliche Führung suchen. » (Gr. Rel. Phil. p. 83).

---

der Maschinenteile, bei Lotze bekanntlich ein vielgebrauchtes Argument. Über das dritte endlich lehrt Lotze, dass « kein Wille irgend eine Absicht verwirklichen könnte, wenn er nicht darauf rechnen könnte, dass der erste Thatbestand, den er mit Freiheit setzt, mit unfehlbarer Gewissheit einen zweiten und dritten nach sich ziehen wird, durch den der Inhalt der Absicht ausgeführt wird » (a. a. O. p. 21).

Lotzes Theorie der Weltregierung und des Weltzwecks wird noch klarer, wenn wir dieselbe in Folgendem kurz zusammenfassen: Das, was wir als Zielpunkt dieser Regierung bezeichnen, ist ein stets vollzogener und stets sich vollziehender Zweck; letzteres aber nicht etwa in dem Sinne, was nicht war und erst realisiert werden muss, sondern in dem andern, welcher den Zweck von einem blossen Resultat unterscheidet, nämlich in dem Sinne: Von Gott gewollt zu sein.

Der Inhalt dieses Weltzwecks ist nun als Schöpfung einer Geisterwelt nur etwas, was in den Geistern oder durch sie oder für sie bestehen oder geschehen kann. (Vgl. oben S. 30).

Die Lehre Lotzes ist aber nicht Folge eines einseitigen Gemütsbedürfnisses, sondern Forderung des Wissens und Denkens. Indem wir derselben Genüge leisten, ergibt sich als Resultat: «Gesetz und Ordnung der Wirklichkeit sind Bestimmungen eines höchsten schöpferischen Princips».

Diese Forderung der Kosmologie gründet sich auf die Lehre, dass nur das absolut Wertvolle die Bezeichnung des höchsten Princips verdiene, und kein anderer Zweck als die Realisierung der höchsten Werte könne das Motiv seiner Schöpfung und das Princip der Ordnung in dem Geschaffenen sein. Mit der Frage über den konkreten Inhalt desjenigen, dem wir es zutrauen, dass es diese Stelle eines höchsten Princips ausfülle, beschäftigt sich der folgende Teil.

III. Ein absolutes persönliches Wesen als psychologische Konsequenz.

Der Unterschied zwischen dem Idealismus Lotzes und dem gewöhnlichen besteht darin, dass dieser von der Selbstlosigkeit der Dinge überzeugt, ihnen deswegen nur als Zustände des Unendlichen zu sein gestattet; Lotze dagegen, im Princip damit übereinstimmend, lässt als eine Sache, die wir nicht wissen können, dahin gestellt, ob die Voraussetzung jener Selbstlosigkeit zutrifft, hält es aber für wahrscheinlicher, « dass sie nicht zutrifft, und dass alle Dinge wirklich in verschiedenen Abstufungen der Vollkommenheit die Selbstheit besitzen, durch welche eine immanente Produktion des Unendlichen zu dem wird, was wir ein Reales nennen». *) (Mikr. III, p. 536.)

Man hat die Wahl zwischen Leibnizschem und Fichteschem Idealismus. Es ist von geringerer Bedeutung, ob wir alle Dinge als belebt (Leibniz), oder die ungeistigen Dinge als blosse Erscheinungen in den Geistern betrachten (Fichte). Lotze betont zunächst den

---

*) Von Kant weicht Lotze hinsichtlich der Auffassung des Absoluten ab. Während Kant zu dem immerhin zweideutigen Schlusse gelangt, es wäre, oder besser, es müsse völlig einerlei sein, « ob Gott es weislich so gewollt hat, oder ob die Natur es weislich so geordnet» (s. Kr. d. r. Vernunft, herausg. Kehrbach, p. 540), ist für Lotze dagegen Resultat der Spekulation das Dasein Gottes, freilich immer mit der auch von Kant aufgestellten Anfangsbedingung, das Dasein Gottes nicht von vornherein zu setzen (vgl. Kant a. a. O., 7. Abschn., Krit. der spek. Theologie). Ferner lässt sich der Unterschied in Bezug auf Annahme einer höchsten Intelligenz beobachten. Kant, der Schwäche, « diese Weltvollkommenheit auspähen oder erreichen zu können », sich ebensogut wie Lotze bewusst, betrachtet es als « Gesetzgebung unserer Vernunft », diese zu ahnen. Schliesslich aber hätte sich die Spekulation mit der blossen « Idee eines höchsten Urhebers zu begnügen » (a. a. O. p. 541). Offenbar wäre dies auch Zweck der Spekulation. Ganz anders Lotze. Er setzt zwar von vornherein gar nichts; dafür aber gelangt er sodann zu dem Resultate eines Absoluten (hiezu und zum vorigen vergl. Gr. Rel. Phil.). Die Bemerkung Kants (a. a. O.) über die « bescheidene und billige Sprache der Philosophen » beweist bloss, dass auch diese sich so abgemüht haben wie wir; nicht aber, dass ihre Bescheidenheit das Richtige war oder getroffen habe.

Idealismus. Die Körper sind als ungeistig nichts Reales. Sie sind entweder blosse Vorstellungen in den Geistern, oder sie sind selbst Geister. Die einzig mögliche Realität ist Geist.

Aber wie löst sich jenes Dilemma, dessen wir bereits gedachten? Selbstheit und Immanenz, diese beiden Ansichten streiten noch mit einander. Man erinnert sich, dass wir bereits oben den Gedanken einer Selbsterhaltung ablehnen mussten. Durch die weitere Begründung dieser noch nicht genügend motivierten Ablehnung soll auch die erwähnte Schwierigkeit behoben werden. Es seien vorerst auch hier die einzelnen Punkte angegeben, von welchen unsere weitere Betrachtung auszugehen hat. Dies sind: Entstehung des Glaubens, Organe des Glaubens, Objekte des Glaubens, Absolutes Wesen, Persönlichkeit desselben, Pantheismus, Verhältnis des Absoluten zur Kreatur, der einzelne Geist.

Über den Ursprung des Glaubens ist zu sagen:

« Wir halten uns zur Mitarbeit einer übersinnlichen Weltordnung berufen, und wie unklar uns auch der Plan der letztern und der Sinn unseres eigenen Beitrags zu ihr bleiben mag, so fühlen wir doch, dass alles, was uns als Pflicht erscheint, den letzten Grund seiner Verbindlichkeit darin hat, dass es nicht nur dem Begriff unserer thatsächlich vorhandenen Natur, sondern ihrer Bestimmung entspricht. Und diese Bestimmung liegt nicht mehr bloss in einer Selbstentfaltung, die von rückwärts durch den Keim getrieben, sondern in der Bewegung nach einem Ziele zu, das uns vorwärts gesetzt ist. » (Ibid. II, p. 336.)

Dieser Gedanke der Selbstbestimmung als ethisches Grundprincip ist demnach der sichere Leitfaden in dem Wirrsale der streitenden Ideen.

Wie sehr indessen Lotze einem Argwohn sogenannter

Schwärmerei — welcher, wie sich zeigen soll, unbillig gegen ihn gehegt wurde*) — objektiv genug begegnete, erhellt deutlich aus einer fernern Einschränkung, wonach nur das unsere Aufmerksamkeit fesseln kann, «was nicht nur der Eine in seinen Entzückungen unsagbar sieht, sondern was jeder dem andern als mögliches Gemeingut mitteilen und als Wahrheit oder überzeugende Wahrscheinlichkeit durch Gründe, deren Kraft jede menschliche Vernunft anzuerkennen hat, entweder beweisen oder durch Widerlegung drohender Einwürfe dem Glauben als eine mögliche Lösung uns bedrängender Rätsel bestätigen kann.» (Mikr. III, p. 553.)

Lotze meint also: freie, natürliche, jedermann zugängliche «Anschauung», das ist der Weg zum Glauben. — Wie aber? Nichts Bedeutenderes sollte jenes Vornehmliche und Ausgezeichnete des Glaubens sein, als was sich uns jetzt so schlicht und nüchtern darstellt? Gewiss nur das. Aber man hat auf scharfe Sach- und Namensonderung zu achten. Genauer: Ein und dasselbe Ding kann von Verschiedenen verschieden begriffen werden. «Das was wir hier auf dem Gebiete der Dinge unter dem Einflusse physischer Reize erfahren, das Gleiche können wir unter unmittelbarer göttlicher Einwirkung auf das Innere unseres Gemütes erleben. Der Glaube

---

*) Drews, die deutsche Spekulation seit Kant. Berlin 1893, p. 90.
Wenn Hartmann (Lotzes Philosophie, p. 161) gleichwohl vom Absoluten annimmt, «es könnte nicht unmittelbar seiner selbst bewusst werden», so scheint dies gleichfalls lediglich für seinen Standpunkt ausreichend. Es fände beispielsweise in Lotzes ganzem System keine Anwendung, dieses Bewusstsein auf das Absolute zu übertragen. Denn man beachte: das Selbstbewusstsein, womit Hartmann a. a. O. operiert, ist rein individuelles Erkenntnisvermögen. Dieses lediglich soll nach Hartmanns Weise auch für das Absolute gelten. Der Lotzeschen Anschauung, der «sich selbst gewissen, selbst genugsamen Unbegrenztheit» wird nicht gedacht in Hartmanns Werk.

würde die Anschauung übersinnlicher Thatsachen sein, welche diese Einwirkung uns offenbarte.» (Ibid. p. 552.)*)

Glaube ist Offenbarung. Diese aber entsteht zuvörderst durch beide Seelenvermögen, durch Erkenntnis sowohl als durch Gefühl. Allein «die Erkenntnis irgend einer Thatsache lässt sich nicht als ein mitteilbares Etwas denken, das an den Geist ohne Selbstthätigkeit seinerseits bereits fertig gelangte, nur die Veranlassung kann ihm gegeben werden, sie durch Aufbietung dieser Thätigkeit zu erzeugen, und nur darin besteht jede Aneignung einer Wahrheit.» (Ibid.)

Solcherart durch die Organe des Glaubens angeregt, wird die Spekulation auch auf dessen Objekte und auf ein allerrealstes Princip hingewiesen. Sie kann nämlich die Phänomene nicht als an sich principlose gelten lassen, «so dass die Natur nur das notwendige oder richtiger das unvermeidliche Ergebnis eines an sich Irrationalen wäre, sondern in den vermeintlich zerstreuten Anfangspunkten, von denen aus die Ereignisse zusammengewachsen scheinen, sucht sie einen innern Zusammenhang und wollte nicht sie, sondern ein einziges, alles durchdringendes Princip als die wahre Quelle des Naturlaufs ansehen». (Kl. Schr. III, p. 232.)

Dieses wird nun eine Allmacht sein, «welche das ganze unnennbare Gebiet erst hervorbringt, innerhalb

---

*) Dementsprechend scheint es unbegründet, wenn Thieme (Der Primat der praktischen Vernunft bei Lotze. Leipzig 1887, p. 29) vor seiner Überleitung zum Glauben das Wissen vernebensächlicht, um «Platz zu bekommen zum Glauben des Lebens an die Dinge im Himmel.» Bei Lotze findet sich kaum eine ähnliche Sonderung zwischen Wissen und Glauben als solchem. Eine Übereinstimmung mit der analogen Wendung bei Kant (Kritik der reinen Vernunft, herausg. Kehrbach, p. 26) wird nur dann zuzugeben sein, wenn Kants «Glaube» als derselbe wissenschaftliche Glaube Lotzes erwiesen ist.

dessen es einen vorher nicht vorhandenen Unterschied des Wahren und des Unwahren, des Möglichen und des Unmöglichen gibt!» (Mikr. III, p. 587.)

Dieser Gedanke deckt sich aber auch mit dem der Persönlichkeit*) des absoluten Wesens. Aber — so wird eingewendet — alle Persönlichkeit ist eine Verendlichung. Jedes Ich setzt notwendig ein Nicht-Ich voraus. Allein das ist nicht triftig. Diese Sichgegenüberstellung ist nicht eine vorhandene Bedingung, sondern eine blosse Folge der Persönlichkeit. Den Nachweis liefert unser Philosoph in dem Gedanken, «dass stets nur ein Teil seines ganzen Wissens, Fühlens und Wollens im menschlichen Wesen wirksam ist: dass mit der fortschreitenden Entwickelung sein ganzer Gemütszustand sich ändert, Neues hinzukommt, Altes vergessen wird, dass er also in keinem Augenblick sein ganzes «Ich» vollständig beisammen hat.... Dem Menschen also würde nur ein schwaches Abbild der Persönlichkeit gehören....» (Gr. Rel. Phil., p. 40; cf. Mikr. III, p. 575—576.)

Über diesen Punkt der Metaphysik herrschen die auseinandergehendsten Meinungen unter den Denkern; wir haben daher Grund, hiebei ein wenig ausführlicher zu verweilen.

Dasjenige, was das Ich zur Person oder Persönlichkeit macht, meint Lotze, ist nicht die denkende Reflexion des Selbstbewusstseins gegensätzlich des Nicht-Ichs, son-

---

*) Um die gegnerische Ansicht, der wir allsogleich das Wort erteilen, an dieser Stelle flüchtig vorwegzunehmen, behaupten wir mit Lotze, dass auf das Absolute der Ausdruck Persönlichkeit überhaupt nicht gut angewendet werden könne. Dieser entsteht ja durch Analogie mit unserer Person. Höchstens Undefinierbarkeit passt auf das Absolute. Beiläufig bemerkt, scheint uns dies nicht unwesentlich zur Orientierung im Lotzeschen Gottesbegriff.

dern zunächst durch das Gefühl*) wird dieses unterscheidende Denken «von einer unmittelbar erlebten Gewissheit seiner selbst geleitet werden. Von einem Fürsichsein, welches früher ist, als die unterscheidende Beziehung, durch die es dem Nicht-Ich gegenüber Ich wird». Wir hätten also die Teilnahme der Reflexion an diesem Denkakt bloss so weit einzuräumen, als wir annähmen: Ich sei wohl denkbar nur in Beziehung auf Nicht-Ich, aber hinzufügten, es sei vorher ausser jeder solchen Beziehung erlebbar, und hierin eben läge die Möglichkeit, dass es später in jener Form denkbar werde.

Jene übelgewählten Analogien der Sinnenwelt, welche zu zeigen scheinen, wie der Widerstand einer Fläche den Lichtstrahl zurücklenkt, so auch hier der Widerstand des Nicht-Ich das Bewusstsein des zurückstrahlenden Selbstbewusstseins erzeugt, jener Vergleich wird durch den andern triftigern beseitigt, den der endliche Geist selbst in seinem Erfahrungslaufe bietet: In Werken der Phantasie, in Erfindungen der Überlegung, in Kämpfen

---

*) Unverkennbar sprechen hier zwei verschiedene Gründe für die Persönlichkeit des Absoluten: 1) das Gefühl, wodurch «dieses unterscheidende Denken... von einem Fürsichsein, welches früher ist, als die unterscheidende Beziehung» geleitet wird; 2) dieses unterscheidende Denken selbst, welches jene übelgewählten Analogien mit dem «Widerstand der Fläche und dem Lichtstrahl» (s. unten), also eine durch «endliche erzeugende Bedingung» zu begreifende Persönlichkeit des Unbedingten behauptet. Dass diese beiden verschieden und, wie oben p. 15, Anmerkung, hervorgehoben, im betreffenden Fall nicht zu verwechseln sind, ist klar. Indess leidet der Gottesbegriff und -beweis, der ja immerhin bloss hypothetisch ist, keineswegs hiedurch. Diese Stelle dient übrigens, wenn überhaupt von einer Mystik Lotzes die Rede sein kann, als klassisches Beispiel hiefür; sie kennzeichnet seine Theorie des Erkennens, nach welcher Reflexion und Gefühl als gegenseitig nicht ausgeschlossen zu betrachten sind, welche aber eben darum den Vorwurf: er «philosophiere mehr mit dem Herzen, als mit dem Kopfe» (Drews a. a. O. p. 90) als ziemlich unbegründet charakterisiert.

der Leidenschaft, wird unsere Vorstellungswelt auch ohne erneuerte Orientierung der Wechselwirkung angeregt und erfüllt.

Ungeachtet dieses schwachen Vergleichs behaupten wir indessen von der wahren absoluten Persönlichkeit: Mit dem Wegfall der Schranken unserer Endlichkeit fällt keine erzeugende Bedingung der Persönlichkeit hinweg, die nicht in der Selbstgenügsamkeit des Unendlichen ihren Ersatz fände.

Es ergab sich uns bereits die Nötigung, zwischen immanentem Sein und Wirken zu unterscheiden. Ganz besonders akut wird nun diese Frage hier, wo es sich darum handelt, ob dieser Gedanke der Persönlichkeit mit der sonstigen Theorie Lotzes zu vereinbaren ist, oder, ob er, wie es sehr nahe liegen könnte, derselben nicht schnurstracks zuwiderläuft. Hartmann in seiner Streitschrift: « Lotzes Philosophie », Leipzig 1888, nimmt in der That Anlass, diese Kardinalseite der Lotzeschen Philosophie, die Persönlichkeit des Unbedingten, zu widerlegen. Ehe wir uns seiner Kritik zuwenden, mag vorerst an den Okkasionalismus Lotzes erinnert werden. Es wird sich zeigen, dass auch nur von hier aus eine richtige Würdigung des Persönlichkeitsbegriffes Lotzes möglich ist. Danach ersehen wir, dass der Okkasionalismus einen Vorgang bezeichnet, in welchem « auf unbegriffene Weise dieser Erfolg hervortritt ». Hartmann a. a. O., p. 86, will nun in der Wechselwirkung zwischen Leib und Seele « einen Okkasionalismus, der auf göttliche Existenz verzichtet », erblicken. Nach dem citierten Passus aus Mikr. I, p. 314, ist es aber sehr fraglich, ob nicht der Wechselvorgang zwischen Leib und Seele eben so unterstützt durch die « göttliche Existenz » betrachtet werden muss, wie ohne eine solche auch unser Wissen « um die physischen Ereignisse » unerklärlich bliebe. Es ist kaum an die entgegengesetzte Zumutung zu denken. Wiederholt betont Lotze, auch der «ärmlichste» Naturvorgang sei von göttlicher Einwirkung begleitet. Daher scheint die weitere Annahme Hartmanns — und damit kommen wir auf unsere Differenzierung zwischen immanentem Sein und Wirken — ebenso willkürlich, wenn er a. a. O., p. 94, anführt, dass es Konsequenz sei, «die Willensfreiheit des absoluten Geistes, durch welche er die Ursache überhaupt wirksam werden lässt, ist nicht eine zweite neben der Willensthätigkeit, welche als Kraftäusserung des wirkenden Dinges erscheint, sondern eben diese selbst». Nicht das Wirken, sondern das Sein, scheint uns, ist nach Lotze als immanent zu betrachten.

Ebenso problematisch erachten wir die Folgerung Hartmanns zu gunsten seines Unbewussten in dem Satze: «Wenn dies (Unbewusste) schon bei den auf höherer Geistesstufe stattfindet» etc. Denn keineswegs ist diese Schlussform vom Höhern zum Mindern hier zutreffend. Hartmann widerlegt diese Möglichkeit mit seinen eigenen Worten. Diese zeigen, dass er einen Zirkel übersieht: p. 96 behauptet er nämlich ausdrücklich die Kontinuität des Körpers mit unserer Seelenthätigkeit, «insofern eben die denselben konstituierenden Aktionen Gottes es sind, welche die unsere Seele konstituierenden Aktionen Gottes ändernd beeinflussen». Zuerst müsste man also die thatsächliche Inferiorität der Körper- gegenüber den Seelenvorgängen zu beweisen im stande sein, um einen Schluss wie den gedachten aufzustellen. Hartmann geht aber, wie man deutlich erkennt, von andern Prämissen aus, auf welchen die Schlusssätze Lotzes nicht bequem passen*).

---

*) Gleiches gilt von Hartmanns Annahme (p. 156): Das absolute Ideal könne nicht wirklich sein, weil es zu den Eigentümlichkeiten des Ideals gehört, «unwirklich zu sein». Deutlich ist hieraus der

Um nur noch, ehe wir auf einen mehr sachlichen Punkt eingehen, einiges Formelle zur Kennzeichnung der beiden Standpunkte hervorzuheben, beachte man p. 96 a. a. O. Wir haben keinen Grund anzunehmen, lautet es daselbst, dass sich dies (das Unerklärliche der Wirkung A auf B) im göttlichen Geiste, selbst wenn in ihm ein Bewusstsein bestehen sollte, anders verhielte. Es ist wohl überflüssig zu erinnern, wie sehr sich Lotze immer und immer wieder gerade gegen solche Übergriffe in die Vorstellung vom Absoluten verwahrt.

So ergibt sich denn endlich eine Divergenz auch hinsichtlich der Vorstellung eines höchsten Ideals, von welchem Hartmann a. a. O., p. 162 behauptet: Ideal kann eine Idee immer nur in Beziehung zur Wirklichkeit sein. Die absolute Idee aber steht, indem sie über aller Wirklichkeit, auch über jedem Ideal. (Es mag zur Charakterisierung der Lotzeschen Theorie ganz besonders Gr. Met. 1883, pag. 32 beachtet werden.) Lotze, der Vertreter der immanenten Seinstheorie, fasst das Verhältnis völlig anders auf. Für ihn besteht es weder in unter- noch in beigeordneter, sondern, wir möchten sagen, in ein geordneter Weise. Analogien haben wir ja in der Zahlentheorie der Alten, deren Anklänge sich über das Mittelalter hinaus auch beim Cusaner noch erhalten haben, und womit übrigens Lotzes freilich etwas modifizierte Lehre Gr. Met. zu vergleichen ist. Die 1 ist eben gleichwertig mit 2, 3 u. s. w.; freilich beruht die Viel-

---

gänzlich verschiedene Standpunkt Hartmanns ersichtlich. Charakteristisch scheint uns ferner die sprachliche Eigenheit und Ausdrucksweise Lotzes in Bezug auf das Absolute (Mikr. I, pag. 203): « Auch eine göttliche Einsicht fände v i e l l e i c h t in dem Begriffe des Vorstellens allein keine Notwendigkeit » etc.; während dieser Konjunktiv den beiden angeführten Denkern, Hartmann und Drews, etwas völlig Ungeläufiges ist.

heit und deren Zahlenwert lediglich in den folgenden Zahlen; dennoch aber ist die 1 von grösserer Bedeutung: Zunächst kann sie für sich allein bestehen, ferner entsteht die Vielheit der andern nur aus solchen Einheiten.

Unter dieser Voraussetzung aber und im Hinblick auf die Lotzesche Anschauung der sich selbst genugsamen Unbegrenztheit des Absoluten (vergl. oben p. 25 Anm.) ist der etwas zu scharf gehaltenen Kritik des Hartmannianers Drews (Die deutsche Spekulation seit Kant, Berl. 1893, II. Bd., p. 90) schwerlich beizupflichten. Die Sache erscheint ihm einfach in völlig verändertem Lichte. Hartmann: Subjektives persönliches Bewusstsein = der absoluten Persönlichkeit; Lotze: Das erstere nur ein Abglanz des letztern.

Weit entfernt, unserem Denker allzu leichtfertig jede «Ahnung von den eigentlichen Schwierigkeiten, welche der Begriff der absoluten Persönlichkeit in sich einschliesst», abzusprechen, glauben wir im Gegenteil nicht unbillig zu urteilen, wenn wir für ihn das Prioritätsrecht der einzig wahren Auffassung dieses Gegenstandes beanspruchen. Nur die Nichtbeachtung jener bedeutsamen Stelle im Mikrokosmus III, p. 578 kann zur gegenteiligen Annahme verleiten. Wir geben diese in ihrer ganzen Ausführlichkeit gleich überzeugende Darlegung in ihren Schlusssätzen wieder: «Dass diese Fragen (wie z. B. was jenes Dunkle, uns selbst Unbegreifliche, in unseren Gefühlen, unseren Leidenschaften sich Regende .. bedeute) auftauchen können, beweist, wie wenig in uns Persönlichkeit in dem Masse entwickelt ist, das ihr Begriff zulässt und verlangt. Sie kann vollkommen nur sein in dem unendlichen Wesen, das beim Überblick aller seiner Zustände und Handlungen nirgends einen Inhalt seines Leidens oder ein Gesetz seines Wirkens findet.»

Nicht unerwähnt mag aber schliesslich ein Einwand

bleiben, welcher auf Beachtung rechnen dürfte, bisher jedoch nur einzeln hervorgehoben wurde: Wohl keine Person als Nicht-Ich (s. o. p. 42), aber die Welt im panentheistischen Sinne hat das Absolute als gegensätzliche Voraussetzung. Indes gehört dieser Punkt vielleicht zu denjenigen, deren Aufklärung allein durch den Heimgang unseres Denkers verhindert wurde.

Unsere abschliessende Darstellung möchte nun auf die Überzeugung Gewicht legen, welche ihrem Ganzen als Ausgangspunkt diente; in folgenden Sätzen drücken wir dieselbe aus:

1) Lotze vertritt in seiner Philosophie den Pantheismus (im unten angegebenen Sinne);
2) Dennoch oder besser darum lehrt er ein überweltliches unbedingtes persönliches Wesen.

Dass und wie unserem Philosophen der Nachweis von der Existenz eines höchsten zureichenden Grundes gelingt, suchte das Bisherige darzuthun. Als Eigentümlichkeit, die zugleich unsere Annahme eines Lotzeschen Pantheismus bekräftigt, mag angeführt werden: Lotze unterscheidet sich vorteilhaft von andern Pantheisten, die bloss diesen Namen, aber nicht diesen Standpunkt mit ihm teilen, insofern, als sich sein System nicht ebenso gut für den Namen Panlogismus oder Pankosmismus eignet; ein Einwand, der gegen jene geltend gemacht wurde. *)

---

*) Folgende Stellen seien angeführt. an denen Lotze ausdrücklich gegen jenen einseitigen Pantheismus Stellung nimmt: Mikr. II, p. 453 und 456. Mikr. III, p. 568. Ferner angedeutet in Wagners Handwörterbuch der Physiologie 3, I. Abt., p. 145 ff. Entschieden gegnerische Tendenz bekundet die Fassung seiner Frage a. a. O., p. 146 ff.: «Warum eine innere Veränderung des Sehnerven mehr als solche Veränderung sei?» Endlich findet sich im System Lotzes keine Spur von jener spinozistischen Unterscheidung zwischen einer

Somit gelangen wir zu den ethischen Hauptpostulaten. Durch diesen geläuterten Pantheismus und durch diese Gewissheit der Ungewissheit werden sie begründet. Mit welchem Recht könnten diese auch verneint werden? Denn wie wäre es, wenn das Absolute gerade durch das Leben, Erkennen und Handeln des Subjektes diese Ungewissheit verherrlichen wollte? Kurz also, das Unvollkommene fordert ein Vollkommenes, das Halbe ein Ganzes, das Dunkle ein schlechthin Helles und Lichtvolles. Noch mehr aber: diese Selbstbescheidung des prüfenden Verstandes hat auch die Ansicht des fühlenden Gemütes für sich. Die Würdigung und Begründung dieses letzteren Momentes ist es vornehmlich, die Lotzes Philosophie als das charakterisiert, was sie ist, als ausgleichende Vermittlerin zwischen Denken und Gemüt, Wissenschaft und Glaube.

Denn «man mag noch so sehr von seiner eigenen bevorstehenden Vernichtung überzeugt zu sein scheinen oder von dem Verschwinden des persönlichen Daseins in den Schoss der allgemeinen Natur sprechen: man wird sich zwar vorstellen können, dass etwas nicht mehr geschehe, was früher geschah, aber nie, dass etwas nicht mehr sei, was früher war. Und wie man sich auch weiter

natura naturans und einer natura naturata. Vergl. Fr. Hoffman, Philos. Schriften, Erlangen 1879, Bd. 6, p. 281.

Beachtenswert ist des Herbartianers Strümpell Urteil (Einleitung in die Philosophie, Lpzg. 1886, p. 399). Er stellt diese Theorie Lotzes eines mit der Welt nicht identischen realen Wesens als «rühmliche Ausnahme» unter allen Pantheisten hin, «namentlich Spinoza und Hegel gegenüber». Gleichwohl hat Lotze keine positive Bezeichnung für dieses reale Wesen. Alsdann entgeht er aber auch der Nötigung, «mit der gewöhnlichen Ansicht die geforderte Einheit in die Dinge zu setzen». (J. Wolff, Lotzes Metaphysik, p. 72.) Eine «substantielle Einheit», welche freilich «die Wechselwirkung der Dinge nicht vertragen kann», ist eben das reale Undefinierbare Lotzes nicht schlechterdings.

zu überreden versuchen mag, unser eigenes Selbst sei in der That nur ein Vorgang, ein vergängliches Geschehen zwischen veränderlich bewegten Atomen: das unmittelbare Gefühl unserer persönlichen Realität wird diesem Versuche immer unüberwindlich sein und wir werden nie unser Verfliessen in den allgemeinen Abgrund denken, ohne uns verfliessend und verflossen doch wieder als in ihm erhalten und fortdauernd zu denken». (Mikr. II, p. 456.)

Noch einmal also: das Verhältnis des Unendlichen zum Endlichen, des Schöpfers zum Geschöpf, der Gottheit zum Weltall ist nicht schlechthin unfassbar; vielmehr «nicht ein Glied selbst, sondern die umfassende Wesenheit des Ganzen, ist Gott jedem Teile dieser Wirklichkeit gleich nahe, wie jedem andern, und obwohl seinem durchschauenden Wissen die innern Beziehungen offen liegen, durch welche dieses Ganze sich in eine zeitliche Ordnung gliedern würde, so hat für ihn doch keiner ihrer einzelnen Punkte ausschliesslich den specifischen Wert der Gegenwart; ihn besitzt für Gott das unendliche Ganze». (Mikr. III, p. 606.)

Nun der einzelne Geist. Dieser, wenn er sich auch nur «für ein flüchtiges Erzeugnis des Naturlaufs hält, ist selten ganz unempfindlich für den Nachruhm gewesen, und doch, wo läge der Reiz dieses Ruhmes, wenn er sich nur an einen Namen knüpfte, für den es keinen Träger mehr gäbe! In allen diesen Erscheinungen bricht der verhaltene Glaube durch, dass es ein Universum geistiger Interessen gibt, das die einzelnen Glieder nicht wieder loslässt, die ihm angehören, wie fern auch noch jede deutliche Vorstellung von der Art dieser ewigen Aufbewahrung des scheinbar Verschwundenen liegen mag». (Mikr. III, p. 458.)

Wohl ist es «nicht die Kraft eines grösseren Wissens, durch welche die Vereinigung dieser widerstrebenden Gedanken gelingt, sondern die Kraft eines grössern und lebendigen Glaubens, der der Stimme der innern Erfahrung und des Gewissens nicht geringere Bedeutung als den Zeugnissen der Sinne beimisst, das Zeugnis der Sinne nicht umdeutet nach einem vorgeblichen höheren Wissen, in allem aber sich bescheidet, dass, Zeit und Stunde zu wissen für die Erfüllung unserer Ahnungen, Gott allein sich vorbehalten hat». (Mikr. II, p. 461 f.)

Das Ergebnis unserer Darstellung klingt in dem Satze aus: Es gibt eine höchste unbedingte persönliche Macht. Nur diese Vorstellung genügt dem religiösen Bedürfnis. Diese Ansicht allein befriedigt die Forderung der Psychologie. Das philosophische Weltbild, welches sich nunmehr vor unsern Augen entrollt, und zu dem wir den richtigen Namen suchen, würde sich am geeignetsten als « spekulativer Theismus » bezeichnen lassen. Zu dessen hervorragendsten Zügen gehörten dann etwa die Momente:

1. Sein und Selbständigkeit geistiger Wesen (= Unsterblichkeit der Seelen).
2. Zweck im geschichtlichen Verlauf (= Freiheit des Willens).
3. Höchste Vergeltung oder Vorsehung als Ausgleichung der Widersprüche (= Dasein Gottes).

II. Teil.

Besprechung des Lotzeschen Systems.

I. Die philosophische Untersuchung.

Met. 79 p. 15. Gerade das, was seinem Systeme die beste Stütze gewähren könnte, scheint uns hier unbeachtet. Die Gleichwertigkeit der Forschungsmittel ist völlig aufgehoben, die Psychologie wird zum « Aschenbrödel » erniedrigt*), worüber unser Philosoph an anderer Stelle selbst klagt. Nicht erheben wollen wir sie aus diesem Stande zur Beherrscherin der Seelenvermögen, sondern gleichstellen mit den anderen. (Sie ist « weder als Indukt noch als Dedukt, sondern als Produkt zu betrachten ».)

Wenn nun Lotze die Sache mit seinem Gleichnisse: « ähnlich dem Stimmen der Instrumente vor dem Konzert » (a. a. O. p. 15) abgethan glaubt, so scheint doch noch zu

---

*) Des weitern sucht Lotze dies darzuthun: « Denn nur einem Gemüte kann die gesetzliche Verknüpfung eines Mannigfachen bereits feststehen. » Abgesehen, dass der natürliche Verstand gar nicht gezwungen ist zu einer solch « ursprünglichen Überzeugung », wäre dies immerhin auch für die Spekulation ein Zirkel, der sich um das Demonstrandum, eben die Seele, unaufhörlich drehte. Mithin gilt Metaphysik gleich Psychologie.

bedenken, ob unsere Prüfung erkenntniskritischer Mittel vor denjenigen der metaphysischen nicht gleich notwendig und nützlich wie das Stimmen der Instrumente (vor dem Konzert allerdings nicht, aber) **vor dem Ankauf** derselben sei. —

Ferner aber ist das Verlangen, von aller Lösung bestimmter Fragen abzusehen und allgemeinen Betrachtungen über Erkenntnisfähigkeiten nachzuhängen, nicht so sehr « verführerisch und bequem », wie Lotze es bezeichnet, als vielmehr eine Folge der Unzulänglichkeit, da die Spekulation in Ermangelung der Forschungsresultate (über das Unbedingte) mit dem Gegebenen sich zu befriedigen sucht. Die Spekulation bescheidet sich « mit der Erforschung des Gegebenen », um mit Lotze selbst zu reden*), der im Eifer, diese unschuldige Methode — freilich grundsätzlicher Atheismus ausgeschlossen — übersieht und dies nicht anerkennt. Mit einem Worte das « Ignoramus » bei Lotze bedarf einer Umänderung, um die Richtungen, die « fruchtlos und mit unbegründeten Ansprüchen », welche durch dieses Schwanken unserer philosophischen Arbeiten verursacht werden, hintanzuhalten.**) Es bedarf unverkürzter, völlig gleicher Berechtigung beider Disciplinen: Metaphysik und Psychologie. Wie aber andererseits die Idee als massgebend oder Gott als vorausbekannt gilt, so auch hier in der Psychologie. Lotze hat das ontologische über dem absoluten

---

*) Übrigens grundverschieden von Metaphysik vom Jahre 1841. S. Einleit. das.

**) Wir ersehen hierin eine Vorliebe Lotzes für Ungewissheit (nicht zu verwechseln mit Unwissenheit) über positiven Glauben, welche, in und durch Spekulation gegründet, Ziel der Philosophie ist. Allein es hätte doch im Princip wenigstens eine Bei- oder Gleichordnung beider Disciplinen gelten sollen. Dieses Schwanken scheint der Grund jenes unerwünschten Parteianhanges an Lotze, herbeigeführt durch Missverständnisse.

Moment vergessen, während doch das ontologische mit dem kosmo- und psychologischen steht und fällt. Es muss ein **bestimmtes Etwas** dem denkenden Wesen gegeben sein, nämlich Seele über Leib, Psychologie über Metaphysik.

Lotze möchte anscheinend diesem Einwurf begegnen, indem er dann (p. 17) fortfährt: «Diese Äusserungen (gemeint ist wohl die Überordnung der Vernunft) fechten nicht im geringsten das hohe Interesse an, welches wir an der Psychologie als einem eigenen Gebiete der Untersuchung nehmen; sie wiederholen nur die Behauptung, die jede spekulative Philosophie aufrecht erhalten muss: nicht Psychologie kann Grundlage der Metaphysik, sondern nur diese die Grundlage zu jener sein».

Allein wie ist die «Psychologie als ein eigenes Gebiet der Untersuchung» zu verstehen? Doch nur als Mittel der in ihr vorgestellten Dinge der Aussenwelt, ohne welche diese Psychologie nicht entstehen, andererseits die Dinge ohne Psychologie einen bestimmten und zureichenden Grund nicht haben könnten.*) Alsdann aber kann von einer «Grundlage» schwerlich die Rede sein. Vielmehr ist Psychologie = Metaphysik. Der Streit zwischen Sensualismus und Idealismus, womit sich Lotze noch in seinem philosophischen Vermächtnis (Nord und Süd, Jahrgang 1882 II, p. 344) beschäftigt, wäre sonach mit nichten beseitigt, weil sich jeder Einzelne auf seine mit keinerlei Grund und Genüge völlig widerlegte Priorität berufen könnte. **)

Kaum genügt es daher, die Grenzen des Unbedingten, so wie Lotze es thut, zu ziehen. Lotze meint nämlich:

---

*) Vgl. Gr. Met. p. 84.

**) Ein wichtiges Zugeständnis, wie Lotze (N. u. S. a. a. O. 349) meint, ist das nun nicht für den Empirismus.

Über das **Was** der Erscheinungen, ihre Verknüpfung in Vernunft und Erfahrung sind wir uns klar; bloss darüber haben wir noch keine Aufklärung, «wie denn alles in uns geschehe und wie es dazu komme, dass die Evidenz der uns denknotwendigen Grundwahrheiten entstehe». Nicht das ist die Frage, denn das ist ein Jahrhundert nach der «Kritik der reinen Vernunft» ziemlich sicher gestellt, sondern **wodurch** dies alles geschehe, ist unklar.*) Somit aber würde die Spekulation auf ihr richtiges Mass zurückgeführt, und was Lotze eigentlich selbst, aber, wie wir gesehen, vergeblich suchte — mit dem Gefühl vereinigt werden.

II. Raum und Zeit.

Gr. Met. p. 51. Hätte Lotze auch nicht ausdrücklich seine Abweichung von Kants Theorie der Raum- und Zeitvorstellung hervorgehoben, so müsste sie von selbst bemerkt werden. Sie ist in ihrer kritisierenden Form gar zu auffällig, als dass sie nicht beachtet worden wäre. (Vgl. Koppelmann, Ztschrft. für Philos. Bd. 88.) Im Folgenden soll Lotzes Argument auf seine Haltbarkeit zu prüfen versucht werden.

Lotze führt an: «Nach gewöhnlicher Ansicht also **ist** der Raum und die Dinge sind **in ihm**; nach der unsrigen sind nur die Dinge und zwischen ihnen ist nichts; der Raum aber ist **in ihnen**» u. s. w. Man erinnert sich, dass schon ein rein äusserlicher Unterschied obwaltet zwischen dieser Fassung hier und Gr. Rel. Phil. pag. 50. Denn es ist doch insoferne von Bedeutung, bei dem Aus-

---

*) Ebenso ist dieser Gedanke ungenau präcisiert in der ähnlichen Formulierung: Kl. Schr. III, 418; N. u. S. a. a. O. 843 und 845. Damit fällt auch der Einwand (Handwörterbuch der Physiologie, Artikel: Seele, p. 257) gegen Hegel.

druck « in uns » zu bleiben, als es ja auch darauf noch ankömmt, ob in « niederen » und « höheren » Individuen gleiche Raumanschauungen vorherrschen. Bleibt nun diese Diskrepanz mehr nebensächlich, so wird die Ungleichheit des Ausdruckes für das folgende von bedeutender Wichtigkeit.

Ehe wir auf das weitere eingehen, sei noch des Einwandes gedacht, den Lotze gegen die Idealität der Zeit geltend macht, welche er im Gegensatze zu der des Raumes nicht so leichter Dinge anzunehmen glaubt. Er meint nämlich Gr. Met. p. 54, die Objektivität der Zeit müsse deshalb gelten, weil auch bei Eliminierung der objektiven Welt es dennoch scheint, « das Anschauen selbst werde Zeit zu der Prozedur brauchen, durch die es das Unzeitliche zeitlich anschaut ». Lotze ist es offenbar hierbei entgangen, dass auch bei dem Raum derselbe Einwand gelten müsse, und zwar von genau derselben Voraussetzung aus, weil ja das vorstellende Subjekt den im betreffenden Augenblick einnehmenden Raum nötig hat. Lotze seinerseits legt Gewicht auf den Vorteil der Raumvorstellung, welche auf eine Weise vor sich gehen kann, « ohne dass ihr produzierendes Verfahren selbst räumlich zu sein braucht ». Das erste Glied dieses Satzes ist wohl völlig zuzugeben, nicht aber das zweite. Ebenso wie bei der « Succession » der Zeit verhält es sich auch hier. Es hat nichts zu bedeuten, dass dieser Raum doch nicht derselbe vorgestellte ist, denn dies wäre auch von der Vorstellung der Zeit zu sagen.*) Ja die Raumvorstellung kann im Gegenteil um

---

*) Wir drücken also unsere Auseinandersetzung kurz dahin aus: Dieselben Gründe, die für Objektivität der Zeit sprechen, gelten auch für die Raumobjektivität. Beachtenswert ist die andere Erwägung, J. Wolff, Lotzes Metaphysik, p. 32, « ob Lotze für die Zeitform ein analoges spezielles Substrat in den Dingen, das ihre Anwendung hervorruft .., angenommen hat, wie beim Raume »: eine Erwägung, die Lotzes Unklarheit wesentlich beleuchtet. S. indes u. p. 45 ff.

so weniger objektiv genannt werden, als wir doch gezwungen sind, bei der in Frage kommenden Möglichkeit. «übersinnliche Verhältnisse des Mannigfachen räumlich anzuschauen», auf Analogien des gegenwärtigen Raumes zu reflektieren; nicht so bei der gedachten Art der Zeitvorstellung. Lotze behauptet ferner a. a. O. p. 54: «Wir leugnen bloss, dass es einer ausser den Ereignissen und ausser unserem Vorstellen existierenden leeren Zeit bedürfe, damit jene einseitige Abhängigkeit stattfinde oder uns als Zeitfolge erscheine.»

Weder «die damit streitende Gewohnheit», noch die anspruchsvollere Reflexion vermag dieses Argument der Zeitidealität genügend zu überzeugen, wenn gesagt wird: Ich leugne, dass ich einer ausser meiner Vorstellung existierenden leeren Zeit bedürfe, damit jene einseitige Abhängigkeit stattfinde. Gewiss wirkt «die Zeit hier nicht durch ihre leere Ausdehnung zwischen a und z», sondern es kann a in z nur durch eine Reihe von Zwischenzuständen übergehen, die allerdings mit der leeren Zeit nichts gemein haben. Aber gilt dies auch vom vorstellenden Subjekt? Kann überhaupt von Wahrnehmung noch die Rede sein ohne Hinzuziehung desselben? Auch nicht die naivste Auffassung wird annehmen, wir bedürften einer leeren Zeit, «damit jene einseitige Abhängigkeit stattfinde.» So weit nun über die natürliche Ansicht. Wie steht es mit jener anspruchsvollern Reflexion?

Selbst alles zugegeben, auch die äusserste Idealität der Zeit, ist es dann noch Erscheinung, Wahrnehmung, ja ist es überhaupt noch Zeit, die doch nur das vorstellende Subjekt erfunden hat? Man kann hier wohl ebenso einwenden, es wirkt hier das Subjekt nicht durch sein Anschauen der Zustände «zwischen a und z». Dies gilt aber doch bloss, so weit von Zuständen, nicht von der Zeit die Rede ist. Für die letztere, um welche es sich doch handelt, ist das vorstellende Subjekt allein massgebend.

Wenn endlich Lotze seine Beweisgründe mit dem Resultat beschliesst: Dem «Bewusstsein des Augenblicks» erscheine die Reihe der Zustände, die diesen Augenblick begründen, als längere oder kürzere Vergangenheit, so ist nicht einzusehen, in welchem Sinne jetzt noch von **Vergangenheit** die Rede sein könne, da doch die «leere Zeit» als schlechthin illusorisch zurückgewiesen wurde. Lehrt doch Lotze überdies a. a. O. p. 53: «Die verlaufende leere Zeit, welche die Ereignisse **mit sich nimmt**», kann in der That weder **verlaufen** u. s. w. Also das Gleiche müsste doch auch von einer vergangenen Zeit (Vergangenheit) gelten; die Ereignisse an sich werden doch sicherlich ebensowenig als **vergangen** zu betrachten sein.

Es bleibt also die mit der Spekulation streitende Gewohnheit irrelevant. Ihr freilich kommt es schwer an, der Idealität dieser beiden Anschauungsformen beizustimmen; aber mit diesem Argument ist für die Sache nichts gewonnen. Nicht **das** ist zu widerlegen, dass es einer ausser den Ereignissen und ausser unserem Vorstellen existierenden **leeren** Zeit **bedürfe,** damit jene einseitige Abhängigkeit (der Bestandteile des Universums) stattfinde, oder uns als **Zeitfolge** erscheine. Das nützt ja, wenn auch noch so triftig begründet, nicht, und ist überdies nichts Wertvolles für die Metaphysik, weil ja auch jede über die naive Auffassung erhabene Spekulation dies niemals annehmen würde. Entweder die Zeit haftet und wird gemessen an den Dingen, oder die Dinge finden umgekehrt ihren Wert und Platz erst in Zeit und Raum. Ganz anders aber löste sich dieses Dilemma, so wir die Frage oder den Zweifel gegen die weit positivere

Annahme richteten, welche davon ausgeht, dass es **ausser** den Ereignissen und ausser unserem Vorstellen eine existierende leere Zeit **gibt,** damit jene einseitige Abhängigkeit stattfinde. Die Reihe der Zustände, die den gegenwärtigen Augenblick begründen, können uns mithin nicht « als längere oder kürzere Vergangenheit erscheinen », so lange die Frage lautet, « ob in der Erfahrung uns ein Zeitverlauf **nötig** scheint*), damit die Ursache a ihre Wirkung z hervorbringe ». Offenbar will Lotze damit besagen: hier ist lediglich Ursache und Wirkung, nicht Zeitfolge massgebend. Allein dann könnte nicht von «Vergangenheit», sondern höchstens von Unmerkbarkeit oder Aufhören der Ursache die Rede sein. Fasst man aber die Anschauungsform von Raum und Zeit, wie Kant, als **seiend** oder nichtseiend, und entscheidet man sich für das erstere, so kommt die Vergangenheit wohl in Betracht. Die Konsequenz, die nun der Psychologie und Religionsphilosophie hieraus erwachsen würde, liegt auf der Hand**), während durch jene Formulierung kaum etwas gewonnen ist.

Indes soll die religionsphilosophische Seite allein hier nicht ausschlaggebend sein. Ringen gleichwohl hier besonders die Meinungen hinsichtlich der richtigen und wahren Auffassung des Zeitproblems, so « dürfte ja auf methaphysisch-erkenntnis-theoretischem Gebiete ein Gleiches stattfinden », wie einer der gewiegtesten Lotzebeurteiler, R. Falckenberg (Die Entwickelung der Lotze-

---

*) Diese Wendung « nötig » dünkt uns überhaupt im Lotzeschen Sinne unfolgerichtig; sie stimmt nicht mit seiner rationalistischen Auffassungsweise. Der Seele, der eigentlichen Bildnerin von Raum und Zeit, können ja diese letzteren gleichgültig sein. Vgl. dasselbe Argument für Unsterblichkeit beim Cusaner.

**) Vgl. Phil. Monatsh., Jahrg. 1888, p. 435 f.

schen Zeitlehre*), p. 9) bemerkt. Im rein erkenntnistheoretischen Sinne also fassen wir das bisherige kurz zusammen: 1. Die Untersuchung hat es nicht so sehr mit dem sogenannten «gemeinen Verstande» als vielmehr mit der Verstandesreflexion zu thun. 2. An und für sich herrscht kein Unterschied zwischen Raum- und Zeitidealität; daher 3. -- und das ist unsere subjektive Relation -- die scheinbaren Differenzen hierüber bei Lotze sind in der That nicht sachliche, sondern bloss sprachliche. Dreierlei ist zu erwägen beim Zeitproblem: *a.* ob die Dinge zu ihrer Wirkung eine leere Zeit nötig haben; *b.* ob es eine leere Zeit an sich gibt; *c.* ob wir eine leere Zeit bedürfen. *b* wird mit Erledigung der beiden andern von selbst beantwortet. Allein diese Erledigung vermissen wir bei Lotze; vielmehr lässt sich eine Wandlung mit Recht bei Lotze beobachten, wie auch von Falckenberg zugegeben wird, dass «thatsächlich eine Schwankung stattgefunden». Die Richtung und Richtigkeit dieser Schwankung bleibt hier unerörtert. Wir erinnern bloss an die betreffenden charakterischen Wendungen der Ausdrucksweise Lotzes. Diese scheinen uns einigermassen nutzbar zur Orientierung im Lotzeschen Zeitproblem, sowie zur Beilegung der Kontroverse zwischen Falckenberg und Höffding (vgl. Falckenberg a. a. O., p. 2 ff.). Sofern es nämlich eine leere Zeit an sich gibt, steht die Objektivität der Zeit fest. Allein Lotze entschlüpft uns immer wieder gleich einem geschmeidigen Aal; er redet bloss von Bedürfnis der Zeitrealität für uns oder für die Dinge. Wie erklärt sich diese Unsicherheit? «Die unbedingte

---

*) Diese Schrift gelangte während der Ausarbeitung des Vorliegenden in unsern Besitz; wir kommen auf dieselbe eingehender zurück.

Idealität der Zeit» stand ja, wie Falckenberg a. a. O. evident nachweist, unserem Philosophen von vornherein fest. Was verursacht nun, dass dies nicht bei ihm allenthalben klar zu Tage tritt? M. a. W., wodurch ist Höffdings Gegensatz begründet? Durch die Schwankung Lotzes; eine Schwankung der Sprache lediglich, nicht aber der Sache, wie schon erwähnt. Wir meinen kurz: die Zweifel gegen die Idealität der Zeit wurden immer neuerdings durch die Reflexion auf den «gemeinen Verstand» geweckt und genährt. Daher die Unklarheit Lotzes. Unweigerlich aber liegt eine Schwankung der Ausdrucksweise vor, wie dies die variierende Formulierung an den betreffenden Stellen zeigt. Anders ist diese in Gr. Rel. Phil. p. 30, wo der Raum «in uns», anders in den Vorlesungen über Metaph. 1865 und 1875, § 52, wo er als «Wirken» der Dinge, anders endlich in der von uns angezogenen Stelle Gr. Met., p. 51, wo er «in den Dingen» betrachtet wird.

Hierauf führt uns die Auseinanderhaltung Falckenbergs einer überzeitlichen und zeitlichen Veränderung*), a. a. O., p. 10. Uns dünkt sonach, man habe mit dieser Annahme eines intelligibeln Charakters der Zeit drei Formen auseinanderzuhalten, die dem oben gemachten Unterschiede entsprechen: 1. Jenen «intellektuellen unzeitlichen Anfang»; 2. «Das Wesentliche des Wirkens, an sich ganz zeitlos, aber als zeitlich angeschaut, so dass das Bedingende vorangeht, das Bedingte folgt», Vorles. über Met. 1865 und 1875, § 52, und 3. Dieses Prius und Posterius in unserem spätern Akt der Zeitbildung (die bereits erwähnte «bildliche Zeitbezeich-

---

*) Freilich wäre sodann zu rektifizieren: Nicht dem «Zeitverlauf spricht Lotze (im zweiten Bande des Systems) Realität zu» (Falckenberg a. a. O. p. 3). Etwa nur um den populären Wechsellauf handelte es sich dann noch.

nung»). Hält man diese Differenzierung vor Augen, so werden die Akte der Seele und die der Wirklichkeit entsprechend getrennt. Die Leugnung der Zeit, wovon Lotze so oft erwähnt, hat sodann weniger «Schwierigkeiten», zumal man sich klar geworden, dass unter Zeit dreierlei, also je verschiedene relative Begriffe zu verstehen sind.

III. Werte.

Über Lotzes Theorie der Werte wäre etwa folgendes zu bemerken: Dasjenige, was Lotze mit seiner Einführung des Wertbegriffs meint, ist das letzte Ziel des Denkens. Jedoch entgeht er nicht mancherlei Einseitigkeiten. Dies zeigt sich in seiner Polemik gegen Hegel und Fichte.*) Beide haben offenbar dasselbe gemeint; der eine mit seiner Identitätslehre, der andere mit seiner «Handlung». Nicht «an Stelle» dieser Handlung setzen wir das «sittlich Gute». Das hiesse die Sache auf den Kopf stellen. Denn haben Hegel und Fichte bloss den Unterbau ohne die Spitze geliefert, so träte jetzt der umgekehrte Mangel zu Tage. Im Handeln findet sich ja erst der Wert des «sittlich Guten»**). Ebenso wie Lotze an

---

*) Str. p. 54 f.

**) Das Bild, welches Lotze hier gebraucht, wäre sonach gleichfalls zu berichtigen, und nicht einem «Zuschauer, welcher die ästhetische Bedeutung dessen begreift, was auf der Bühne geschieht, auch ohne die Maschinerie zu sehen, welche die Veränderung der Bühne bewerkstelligt», sondern dem Darsteller selbst gleicht in diesem Falle das denkende Individuum. Lotze drückt übrigens diesen Gedanken selbst aus (Met. 79, p. 190): «Sondern die Natur und Leistungsfähigkeit des Wesens ist es». «Durch dieses sein Thun erwirbt es Selbständigkeit, Fürsichsein. In Mikr. III, p. 336, verstehen wir die «Bestimmung» gleichfalls nur unter dieser Voraussetzung. Vgl. ferner Gesch. der Ästhetik in Deutschland, p. 11, und namentlich Gr. Prakt. Phil, p. 21, die Stelle: «Es solle in der Welt durch freie Handlungen» etc.

anderer Stelle vom Gefühl sagt: «Wenn auch noch so ausgestattet mit höchster Intelligenz, könne das Subjekt die Religion nicht fassen, so es nicht fühlt», so verhält es sich hier auch beim Handeln.

Man kann nicht annehmen, dass Fürsichsein und Realität (d. h. dasjenige, was Realität der Dinge ausmacht) gleichbedeutend seien. Denn dann ist nicht einzusehen, welchen Wert es praktisch bietet, mit Tieren gleiches Los zu teilen. Also Werte bestehen gleichsam im ethischen Fürsichsein. Dann aber ist Lotzes Abneigung gegen Fichtes System der «Handlung» nicht gerechtfertigt. Denn sollen «die freien Handlungen nicht minder eine Stelle finden» in einer unzeitlichen Wirklichkeit, deren neue Beziehungen dem durchschauenden Wissen des göttlichen Wesens offenbar sind, so kann doch dieses «Freie» nur für uns Geltung und Bedeutung haben. Nämlich für uns gibt es, menschlich ausgedrückt, dennoch eine Vergangenheit. Für das Absolute freilich sind die Handlungen weder durch Vergangenes noch durch Zukünftiges bedingt. Aber sind es auch die freien Handlungen? Hier liegt der Schwerpunkt der ganzen Sache. Diesen hat unser Philosoph trotz scharfsinniger Versuche nicht gehoben. Zunächst findet Lotzes Polemik gegen Fichte durch seine eigenen Worte, Mikr. III, p. 606, eine triftige Widerlegung. Die freien Handlungen hätten nach dem dort Ausgeführten in keinem Falle einen Sinn, «wenn sie nicht auf gegenwärtige Veranlasungen sich bezögen, die ihnen Zielpunkte gäben, und wenn sie nicht dadurch zur Wirklichkeit würden, dass sie Folgen hätten». Was anders will das ausdrücken, als die freie willkürliche Handlung, ohne welche Werte und Güter auch keinen Platz fänden? Freiheit, Handlung und Werte, sie bilden eine geschlossene Kette im Reiche des geistigen Seins.

Haben wir nun die Autonomie des geistigen Wesens nachzuweisen versucht, so ergibt sich konsequent die Annahme: Alles Seiende und Daseiende geht in das Gebiet des göttlich Determinierten und Vorhergesehenen ohne Rest auf, bis auf das eine Reich der — Werte. Über diesen Kardinalpunkt der praktischen Philosophie lässt uns leider das Lotzesche System im Unklaren. Nicht nur genügt es nicht, um dem System gerecht zu werden, in die Nötigung sich dreinzufinden, die Allwissenheit mag das Freie wohl nicht voraussehen als etwas, das sein wird, « sondern bemerken als ein Wirkliches, das in zeitlicher Erscheinung seinen Ort*) an einem bestimmten Punkt der Zukunft hat »; es geht diese Hypothese vielmehr auf Kosten des eigentlichen Resultats. Dieses wird nun nicht dadurch erreicht, dass wir das Absolute zu rechtfertigen suchen, — das kann im Lotzeschen non possumus schlechterdings nicht beabsichtigt sein — sondern indem wir uns zu rechtfertigen streben. Wodurch wird dies geschehen? Dadurch, dass wir diese einzige Stelle Willensfreiheit im grossen Ganzen der Wirklichkeit offen lassen. Diese auszufüllen ist Sache des sittlichen Bewusstseins.

Offenbar meint dies Lotze in seinem philosophischen Glaubensbekenntnis, wenn er sagt, der zu verwirklichende Zweck bestehe darin: « Zuerst ein gewollter bestimmter Wert, um dieser Bestimmtheit willen eine geformte und sich formende Wirklichkeit, endlich in diesem Wirken eine ewige Gesetzlichkeit zu sein ». Nun denn, dieser « gewollte bestimmte Werth » hat doch sicherlich nur auf das Absolute Bezug. Denn die Subjekte und Dinge können ihn doch nicht gewollt haben. Wozu aber dann

---

*) Hier ist ebenfalls eine erhebliche Abweichung von Gr. Rel. Phil. p. 67 zu verzeichnen. Vgl. oben p. 22.

die Realisierung? Weshalb die Vergeltung für dessen tugendhafte Befolgung, und die Entgeltung für dessen Vernachlässigung? — Man sieht, über dieses Dilemma: Vorherbestimmung und freie Wahl, ist mit Zwangstheorien nicht hinwegzukommen, wenn anders die reichste Frucht philosophischen Denkens, die Befriedigung der Gemütszweifel durch Wissenschaft, nicht zu Schaden kommen soll.

Wir haben nun vorgezeichnet den Zweck (Werte), die Mittel (Freiheit des Willens), die Muster (Objekte der Aussenwelt). Diese dienen gewiss nur zur Ausführung oder Realisierung der Werte.*) Nun aber wird dies alles gewaltsam zur starren Notwendigkeit; die schöne Hoffnung der sittlich freien Wahl droht in eine,

---

*) Vgl. Mikr. III, p. 623 u. oben p. 22 Anmerk.: Lotze entging es hiebei freilich, dass diese scheinbar treffliche Methode der Ausgleichung keine Befriedigung gewährt. Ganz abgesehen davon, dass dem Absoluten hiernach Schranken auferlegt würden, wenn anders dasselbe nicht gegen seinen eigenen Zweck: Realisierung der Werte, agieren will, kommt ja der alte Egoismus, dem wir eine möglichst beste Anwendung der Werte bei und in andern Individuen vorzeichnen, zum Ausdruck. Um nun aber jenem Mechanismus zu entsprechen, können wir doch ganz sonder Eigenliebe die Willens- und Freiheitsakte der Nächsten nicht mitansehen und gewähren lassen. Sodann aber befinden wir uns, wie gesagt, beim Alten, und das Übel tritt auf in anderer Hülle. Überdies ist zu erinnern, dass eine Freiheit, die sich von vornherein auf Mechanismus, also darauf stützt, dass mit «unfehlbarer Gewissheit» die Folgen eintreffen werden (Vgl. o. p. 23 Anm.), ganz gewiss in der Absicht kein Verdienst mehr besitzt. Die besagte Folge aber, ein toter Mechanismus, wird diesen Mangel sicherlich auch nicht ersetzen. Wir fassen kurz zusammen, dass bei einer Ausgleichung der fraglichen Gegensätze gerade von Unabsichtlichkeit oder Nichtberechnung der folgenden Thatbestände ausgegangen werden müsse. Diese Bedingung ist von Lotze übergangen worden, wenn er lehrt: «Kein Wille könnte irgend eine Absicht verwirklichen, wenn nicht genannte Voraussehung obwalten würde.» —

wenn auch künstliche, aber gezwungene Konstruktion zurückzuversinken.

IV. Schluss.

Das Schema, das sich uns nach Lotzes Seinslehre darstellt, wäre etwa folgendes:

Absolutes Sein =   äusserst relatives Sein =
Gott.   niedrigste Dinge.

Dazwischen aber:

Dasein =   für andere Sein =
« Reich der Sachen » =   Reich der Wesen =
animalische Wesen.   höhere Individuen.

Fürsichsein =
Reich der Geister =
Denkende Subjekte.

Was nun Lotze nötigte, alle diese Seinsobjekte in das eine Absolute einzureihen oder in das Immanente zu übertragen, wissen wir. Es war das Bemühen, pantheistische mit ideal-theistischer Auffassung zu vereinigen. Realität = Fürsichsein für die Subjekte; Absolutheit = Überallsein für das Unbedingte. Das was der frühere Realismus einseitig den Dingen zuschrieb, soll jetzt — zwar unverändert — aber unter Umfassung des Absoluten ihnen zukommen. Indessen hat für uns bloss die Konsequenz der Ethik Wichtigkeit. Da ist es nun befremdend, ja für die natürliche Auffassung fast unverständlich, dass alles, « was dies (sich als ein Selbst zu fühlen und geltend zu machen) nicht vermag », dennoch immer in ihm (im allesumfassenden Grunde) immanent beschlossen sein soll. Es ist nicht zu begreifen, weswegen i m m a n e n t, eher doch untergeordnet. Überdies hat Lotze übersehen, dass nach dem sich ergebenden Schema, Realität = Fürsichsein der Körper jene Realität oder jenes Sein des Absoluten bedeutet, welches der Geist im «Ich selbst fühlen», «geltend machen» und ihm entsprechend erringen soll. Soll dies aber das gesuchte Fürsichsein bedeuten, wo ist dann die Brücke, welche die beiden vollkommenen Sein verbindet? Was unterscheidet und behütet dieses bessere Sein, um entweder nicht mit dem äussersten relativen Sein, dem es ja so selbst — und siegesbewusst gegenübertritt, zusammenzufallen, oder ihm nicht unliebsam zu begegnen im absoluten vollkommenen Sein, da es (dieses verhasste und gemiedene Sein) doch «in ihm immanent beschlossen» ist? Ein einziges Wörtchen löst die Schwierigkeit. Man hat eben zu unterscheiden zwischen immanentem Sein und immanentem Wirken. Wir hätten dann zu sagen: Soviel Wirksamkeit, soviel Wirklichkeit = Fürsichsein = Realität; andererseits soviel Unwirksamkeit, soviel Abhängigkeit = relatives Sein.

Wenn nun das, was ist, seine Begründung findet in dem, «was sein soll», so kann man auf diese Vermittelung des «Wirkens», der «Handlung» schlechthin nicht verzichten. Die vorhergehende Spekulation stellt sich uns in drei Richtungen dar:

Der radikale Materialismus setzt Sollen abhängig vom Sein;

Herbart Sein = Sollen;

Lotze Sein abhängig vom Sollen.

Diese Richtung ist aber, wie dargethan, von unserem Denker nicht genügend durchgeführt worden. In diesem Sinne meinten wir eine Lücke im Lotzeschen System gefunden zu haben. Es hat die Ziele, welche es sich gesetzt, nicht genau durchgeführt. Wir befinden uns, um bei dem Bilde eines eifrigen Interpreten Lotzes zu bleiben, wir befinden uns nach mühsamem, abwechslungsreichem Aufstieg wohl auf Bergeshöhe; allein der Boden, den wir jetzt gewinnen, er ist weich und wankend. Wir vermissen den Haltpunkt, der uns verlockend winkte. Der Unbefangene mag zusehen, ob und wo er sichern Fuss fassen kann auf dieser entzückenden Anhöhe; mag suchen einen Ausweg, um in das Thal, das er verliess, nicht unbefriedigt zurückkehren zu müssen.

Inhalt.

Einleitung 7

I. Teil.
Darstellung der Lotzeschen Theorie des Unbedingten.

I. Ein allumfassendes intelligibles Princip als ontologische Konsequenz 9
II. Ein unbedingter schöpferischer Grund als kosmologische Konsequenz 17
III. Ein absolutes persönliches Wesen als psychologische Konsequenz 24

II. Teil.
Besprechung des Lotzeschen Systems.

I. Die philosophische Untersuchung . . . 39
II. Raum und Zeit . . . 42
III. Werte . . . 49
IV. Schluss . . . 53

www.ingramcontent.com/pod-product-compliance
Lightning Source LLC
Chambersburg PA
CBHW031551110426
42739CB00039B/1111